AF226771

EXCURSION

CHEZ LES MOÏS

DE

LA FRONTIÈRE NORD-EST

PAR M. NOUËT

ADMINISTRATEUR PRINCIPAL DES AFFAIRES INDIGÈNES

SAIGON

IMPRIMERIE DU GOUVERNEMENT

—

1885

EXCURSION

CHEZ LES MOÏS

DE

LA FRONTIÈRE NORD-EST

PAR M. NOUËT

ADMINISTRATEUR PRINCIPAL DES AFFAIRES INDIGÈNES

SAIGON

IMPRIMERIE DU GOUVERNEMENT

—

1885

EXCURSION

CHEZ LES MOÏS DE LA FRONTIÈRE NORD-EST

du 22 avril au 9 mai 1882.

A la suite de l'exploration des sources du Donnaï, en 1881, par MM. Néis et Septans, le chef Patao, des tribus indépendantes établies sur la rive droite du sông La-nga, vint à Saigon pour présenter ses hommages au Chef de la colonie. En mai 1882, je fus chargé d'aller visiter l'installation de Patao, de me rendre compte de certaines contestations survenues à propos de vol de buffles et d'examiner la configuration de la frontière, à partir du grand coude du La-nga. Il était également intéressant de voir les difficultés qu'offrirait ce voyage, au commencement de la saison des pluies, à une troupe indigène emportant ses vivres et munitions. Je partis donc de Tri-an le 22 avril, avec 30 tirailleurs commandés par le lieutenant Raynaud.

Je commencerai par décrire succinctement l'itinéraire que j'ai suivi. La question des communications est en effet d'une grande importance dans une contrée qui ne possède, en fait de routes, que des chemins de forêts, où il n'existe pas de rivière navigable et où les torrents que l'on rencontre, très utiles à cause de l'eau potable qu'ils fournissent généralement, compensent souvent cet avantage par les difficultés qu'offre l'escarpement de leurs berges et, pendant une partie de l'année, leur profondeur et la rapidité de leur courant. Je nommerai, à mesure qu'ils se présenteront, les principaux de ces cours d'eau (suôi); mais je ferai remarquer dès maintenant que les suôi Cohuynh, Ket, Vo et Kung doivent être bien difficiles à faire traverser par les charrettes à buffles à l'époque des hautes eaux, c'est-à-dire du 1er juillet au 1er novembre environ. Du reste, pendant cette même partie de l'année, des dépressions de niveau qu'il est impossible de constater en passant, mais qui doivent former sur divers points des cuvettes d'eau d'une certaine étendue avec fond argileux, offriraient aussi à un convoi des obstacles sérieux, et on peut dire, en résumé, qu'une troupe en marche ne pourrait, pendant cinq mois de l'année, suivre cette route qu'au prix des plus grandes fatigues et en opérant des déchargements de voitures très fréquents.

A l'aller, mon point de départ a été Tri-an ; là, j'ai trouvé réunies, grâce à l'obligeance de M. Lebrun, administrateur de Biên hoa, les douze charrettes à buffles nécessaires pour le transport de mes bagages et vivres et ceux de l'escorte de 30 tirailleurs qui m'accompagnait. En ce qui me concerne, j'ai fait le voyage à cheval et au pas ; c'est, à cause des sangsues de bois qui apparaissent aux premières pluies, le meilleur mode de locomotion pour un Européen, malgré l'état des chemins. Ceux-ci sont généralement mauvais, parfois détestables. Partout, à l'époque où j'ai voyagé, j'ai trouvé de bons pâturages pour les buffles et de l'eau potable en quantité suffisante.

La route de terre qui part de Tri-an, un peu au-dessous du confluent du sông Be, longe à une certaine distance la rive gauche du Donnaï et aboutit au village de Cay-gao après un trajet de 16 kilomètres environ. Cette route permet d'éviter les grands rapides de Tri-an, et, à Cay-gao, le fleuve est calme comme un lac, mais j'ignore pendant combien de temps son cours reste libre au-dessus de cette localité. Généralement, la première moitié du trajet de Cay-gao à Vo-dong se fait en bateau, précisément en remontant le Donnaï, et j'aurais vivement désiré suivre cette voie, mais il m'a été impossible de trouver le nombre de pirogues nécessaire. La route de terre de Cay-gao à Vo-dong est très accidentée ; pendant ce trajet d'environ 22 kilomètres, on franchit et on descend des pentes assez fortes, constamment sous bois, et le chemin est embarrassé par de grosses pierres et des ravines qui rendent la circulation pénible. Ces pierres se retrouvent fréquemment, notamment dans les pentes ou sur les plateaux boisés ; elles affleurent le sol et forment le lit de la plupart des torrents. La présence de ces roches coïncide avec la beauté et la richesse des essences forestières, et je n'ai jamais remarqué de plus beaux arbres et en aussi grand nombre que dans les terrains accidentés et rocailleux. A 5 kilomètres avant d'arriver à Vo-dong, la route traverse le suôi Nom, ruisseau à bords plats et qui n'assèche jamais. En approchant de Vo-dong, on voit commencer les rầy, c'est-à-dire les déboisements anciens et récents opérés par les Moïs, qui ne connaissent pas d'autre moyen de faire pousser le riz que de détruire peu à peu les forêts en abandonnant leurs défrichements au bout de deux ou trois années, quand le sol est épuisé.

La distance de Vo-dong à Vo-đat (Vo-được), par Vo-quan, Pho-ren et To-vuc, est d'environ 65 kilomètres. Dans ce trajet, on ne rencontre aucun hameau important ni aucune culture permanente. La route traverse, entre Vo-dong et Pho-ren, le suôi Rung; entre Pho-ren et To-vuc, le suôi Vo. Ces deux cours d'eau coulent sur fond rocheux et ont des berges très escarpées. Une heure après avoir quitté To-vuc, on a devant soi, à environ 15 kilomètres dans le sud, la montagne élevée appelée Núi Cai-chanh, qu'on laisse à droite. Au sud de ce pic, passe la route qui conduit directement de Long-thanh à Vo-đat. A 4 kilomètres à l'est du point de jonction de cette route et de celle de Vo-dong à Vo-đat, se trouve le suôi Co-huynh, petite rivière à fond de sable où il n'y a que très peu d'eau à la fin de la saison sèche. La berge de la rive droite est escarpée et a 3 mètres de hauteur; aux hautes eaux, cette rivière doit être difficile à franchir.

La distance totale de Tri-an à Vo-đat est d'environ 100 kilomètres. Vo-đat est situé sur un plateau, dans une grande courbe formée par le sông La-nga, rivière plus importante par la longueur de son cours que par le volume de ses eaux, qui, à la saison sèche, ont à peine 20 centimètres de hauteur. Le sông La-nga est le plus grand affluent de gauche du Donnaï; les ruisseaux ou torrents qui traversent la route à partir de Vo-quan en sont tributaires. A moitié route, entre le suôi Co-huynh et Vo-đat, on entend distinctement dans le nord le bruit d'une chute d'eau; les indigènes m'ont dit que c'était le sông La-nga qui coule sur les rochers.

A partir de Vo-đat, les cartes ne m'ont plus donné aucune
indication. C'est à tort que plusieurs cartes placent Vo-đat ou
Vo-được sur le bord d'un cours d'eau : il s'agit évidemment du
sông La-nga ; or, cette rivière est assez éloignée du centre du
village de Vo-đat. Comme les villages moïs sont presque déserts
et très vastes, chacun d'eux comprend plusieurs hameaux qui
peuvent se déplacer et, par suite, n'indiquent rien de bien précis.
Dans le pays, le hameau dépendant de Vo-đat, qui est sur le
bord du sông La-nga, s'appelle Tra-cu-hạ ; c'est tout à fait l'extrémité du village ; quant au point central que j'ai marqué Vo-đat,
il est appelé par les Annamites Xóm-xã-lang ; c'est la résidence
du maire.

De ce point partent quatre routes : la première, dans le nord,
se dirige vers Co-cang ; la deuxième, dans le nord-est, mène à
Tra-cu-hạ, sur le La-nga ; la troisième, dans le sud-est, aboutit
à Tan-linh, par Tra-cu-thượng ; la quatrième, enfin, est celle qui,
se bifurquant, comme je l'ai dit, au-delà du suôi Co-huynh, mène
à Long-thanh ou à Biên hoa. La route du nord-est se termine
à Tra-cu-hạ, après un parcours d'environ 15 kilomètres. En cet
endroit, le sông La-nga coule sur fond de sable ; sa largeur dépasse
40 mètres ; aux basses eaux, il n'y a pas plus de 20 centimètres
de profondeur, mais, dès les premières pluies, le volume des
eaux augmente rapidement et rend le passage impossible aux
charrettes.

C'est à Tra-cu-hạ qu'est venu me trouver le chef moï Patao,
dont le territoire s'étend en bordure sur la rive droite du sông
La-nga jusqu'à la grande chaîne qui court à perte de vue dans
la direction du sud-est au nord-ouest et forme une ligne continue
qui ferme entièrement l'horizon. J'ignore le nom que porte
cette barrière imposante qui est, de ce côté, la frontière militaire
de la Cochinchine, car le vaste terrain qui s'étend entre elle et
la rivière est entièrement désert et les hauteurs sont habitées
par des Moïs qui reconnaissent l'autorité de Patao. Ce chef
s'étant placé de fait sous notre protectorat, personne ne pourrait,
sans son assentiment ou le nôtre, s'établir dans la plaine fertile
de 15 à 20 kilomètres de largeur que limitent la chaîne et le
sông La-nga.

En s'embarquant en pirogue à Tra-cu-hạ et en descendant
le courant pendant 4 kilomètres environ, on arrive à Bong-
brenh sur la rive droite ; la rivière fait à cet endroit un coude
très brusque vers l'ouest. On trouve à Bong-brenh une case
inhabitée qu'a fait bâtir Patao à l'entrée de ses possessions pour
servir d'abri aux rares voyageurs ; de là, on jouit d'une vue
magnifique.

Dès mon arrivée, je dus écouter les doléances sans fin de
Patao, qui prétendait qu'un de ses villages avait été brûlé, que
les habitants avaient été emmenés en esclavage et les buffles
volés. Du reste, le chemin que je devais suivre le lendemain,
pour arriver au terme de mon voyage, passait précisément à l'endroit où ces violences avaient été commises. Je promis de faire
mon possible pour obtenir une réparation du dommage causé.
Ainsi que je m'y attendais, les plaintes de Patao étaient em-
preintes d'une grande exagération. A moitié route entre la rivière
et la montagne, sur le chemin qui mène à la résidence de Patao,
dont il sera question plus loin, avait été construit en 1880 un
hameau composé de deux maisons et de leurs dépendances (on
sait que les maisons moïs sont parfois très grandes : elles ont de
20 à 60 mètres de longueur). Dans ce hameau construit par lui,
Patao avait un logement ; le reste abritait une quarantaine de
serviteurs et un troupeau de 20 buffles ; l'endroit s'appelle So-
soi, du nom d'un ruisseau, desséché pendant six mois de l'année, qui descend de la montagne au sông La-nga. Dans leur
voyage d'exploration aux sources du Donnaï, en 1881, MM. Néis
et Septans avaient habité une des deux grandes cases. Lorsque
j'y passai le 28 avril, il ne restait du hameau qu'une case beaucoup plus modeste, située en face des deux grandes dont j'ai
pu remarquer l'emplacement noirci par le feu. De ce point au
pied des montagnes, il y a une distance de 5 à 6 kilomètres ;
la chaîne s'infléchit sensiblement vers l'ouest, et c'est dans
l'espèce d'enfoncement produit par ce changement de direction
que s'engage le chemin. Il côtoie pendant quelque temps les
hauteurs, tout en restant horizontal, puis la pente commence
et on gravit une colline assez escarpée de 300 mètres à peine
d'élévation, mais dont l'ascension est assez fatigante. Toute la

chaîne étant très boisée, il est impossible de se rendre compte
de la configuration du terrain environnant. On la distingue mieux
à environ moitié route, entre So-soi et le pied de la montagne.
Arrivé au sommet de la colline, on trouve un plateau étroit
d'où l'on n'a aucune vue, puis on redescend l'autre versant, qui
est bien plus court et surtout moins fortement incliné. C'est une
suite de petites descentes séparées par des paliers; la dernière
pente se termine brusquement à une petite rivière, le suôi Sepok,
dont le cours est obstrué par de grands rochers, et qui, en aval
du gué que franchit la route, offre une succession de bassins
profonds. Sur la rive droite, la berge n'a qu'un mètre de hauteur, et le chemin se termine aussitôt à un emplacement cir-
culaire et plan, vrai cirque de montagnes, dont quelques-unes
très hautes et bizarrement découpées; c'est une des deux rési-
dences de Patao. La seconde est plus loin dans la montagne,
je ne l'ai point visitée. L'installation du chef des Moïs est assez
misérable : une seule case sur pilotis pour son logement et
deux autres cases au ras du sol.

A environ 500 mètres de là, sur l'autre rive du suôi Sepok,
se trouve le village de Kron-tuc, composé d'une vingtaine de
pauvres cases. Les habitants défrichent les flancs de la montagne
voisine et font pousser de mauvais riz sur les pentes escarpées.
Ces Moïs ne s'étant encore trouvés en contact avec aucune civilisation, je vais, sans insister sur leurs coutumes qui ont été
décrites d'une façon si intéressante par le docteur Néis, m'étendre
un peu sur leur situation matérielle et morale. Ce que j'en dirai
s'appliquera aux Moïs de nos provinces, avec quelques modifica-
tions de détail.

Ce qui frappe l'Européen qui arrive dans le pays des Moïs, c'est
l'insouciance et l'inaction dans lesquelles végètent ces tribus.
Tous les Moïs, depuis le chef jusqu'au dernier esclave, vivent
au jour le jour; ils n'ont que des provisions insignifiantes en
riz et en boisson fermentée ; ils ne connaissent pas la monnaie,
et les chefs se procurent par voie d'échange les très rares objets
venant du dehors, dont ils peuvent avoir besoin. Ce caractère
précaire de l'existence, entièrement exclusif de toute idée de
prévoyance et d'épargne, se retrouve en toute chose. Les cases

sont construites avec de simples perches et durent deux ans.
Au bout de ce temps, les Moïs abandonnent ces abris éphémères
et vont vivre un peu plus loin. La manière dont ils se procurent
leur alimentation est le premier obstacle à toute culture matérielle et morale. Chassés de leur coin de forêt quand, après
l'avoir détruit par le feu, ils ont retiré du sol pendant trois ans
un riz très médiocre, ils vont continuer sur un autre point leur
œuvre de dévastation, et, pour toute trace de leur installation
antérieure, ils laissent d'immenses troncs calcinés qui se dressent
tristement sur l'emplacement de la forêt détruite. C'est ainsi que
ces êtres humains, supérieurs aux animaux par l'emploi du feu,
errent comme eux dans les vastes espaces, à la recherche d'une
subsistance insuffisante, car les Moïs ont toujours faim, et il
suffit de les regarder pour se convaincre qu'ils ne mentent pas.
Leur industrie n'est pas nulle, et ils savent produire ce dont
ils ont strictement besoin; les femmes tissent et confectionnent
les grands sarraus sans manches, en étoffe de coton sauvage,
sous lesquels les Moïs grelottent dans l'humidité froide de leurs
montagnes.

L'Européen remarque à première vue l'air doux et craintif
de ces populations; mais je ne sais si le reproche de lâcheté
qui leur est adressé par le docteur Néis repose sur un fonde-
ment sérieux. Il est probable que des gens à demi-nus, constamment affamés, qui n'ont rien à conserver et à défendre en
dehors de leurs personnes, ne doivent pas montrer contre un
agresseur étranger une grande bravoure; il leur est plus simple
de s'enfuir dans la forêt, dont ils connaissent tous les sentiers
et où ils ne tardent pas à se créer un établissement valant
celui qu'ils ont pu être obligés d'abandonner. Dans ces contrées
où vivent tant de races diverses, où il n'existe aucun droit, où
la femme et l'enfant sont les meilleures marchandises parce que
ce sont celles qu'on emporte et dont on se défait au loin le
plus facilement, il ne faut pas demander au père de famille le
même genre de courage qu'en pays civilisé, ni s'étonner que
les sauvages soient toujours sur le qui-vive et prêts à prendre
la fuite. Rien du reste ne leur est plus facile : leurs chiens
n'aboient pas, et on tombe quelquefois subitement sur un petit

hameau perdu dans la forêt, sans avoir entendu aucun des bruits qui signalent ailleurs l'approche des lieux habités. Avant l'arrivée des étrangers, tout le monde a pu s'enfuir et se cacher dans le fourré voisin.

J'ai dit que les Moïs n'ont pas de numéraire; ils n'ont également aucune écriture et, en apparence du moins, aucune religion. Ils croient vaguement à une puissance supérieure qu'ils invoquent lorsqu'ils font un repas de viande et qu'ils boivent du vin. Au moment où l'on apporte la chèvre, le porc ou le poulet prêts à être mangés et où l'on va déboucher une jarre, un petit cierge de cire est allumé et un vieillard récite, en se tournant vers cette lumière, une invocation assez longue. Les Moïs n'ont pas le culte des morts et ne leur rendent plus aucun devoir après les cérémonies d'inhumation et d'incinération.

Tout me porte à croire que la religion de ces peuplades, qui sont constamment aux prises avec le besoin et qui, dans leurs montagnes et leurs forêts, assistent à des phénomènes naturels d'une grande intensité, est un panthéisme inconscient, et qu'ils adorent les forces élémentaires, la puissance qui fait pousser leurs maigres récoltes et écarte d'eux les maladies. La passivité forme donc le caractère distinctif de la race, c'est un obstacle à l'introduction de toute culture intellectuelle.

L'absence de religion positive a pour conséquence celle de fêtes périodiques. La cérémonie dont j'ai parlé plus haut se reproduit plus fréquemment pendant les troisième et quatrième mois; ceux d'entre eux qui savent l'annamite disent alors qu'ils célèbrent le Têt; mais ces repas n'ont pas lieu à dates fixes. Ils durent deux ou trois jours, pendant lesquels les Moïs oublient leur misère, car l'ivrognerie est répandue chez eux comme chez tous les peuples qui se nourrissent mal.

Dans les régions que j'ai traversées, les habitations des Moïs sont élevées de près de 2 mètres au-dessus du sol; elles offrent dans leur construction les particularités suivantes : la section transversale ou ferme est uniformément composée de trois colonnes; celle du milieu, qui a 6 mètres de hauteur, supporte le faîte de la toiture. Celle-ci n'est pas symétrique, elle descend plus bas d'un côté que de l'autre, et, de ce côté, la saillie du parquet étant ainsi plus grande, il y a entre le parquet et le sol une rangée de colonnes supplémentaires qui n'existe pas sur l'autre face. Le parquet, formé de lattes de bambous, est divisé, dans le sens de la longueur de la case, en deux parties bien distinctes. Dans celle qui correspond au côté de la toiture qui descend le plus bas, les lattes du parquet sont disposées longitudinalement ainsi que les lattes qui forment la paroi verticale correspondante ; dans l'autre moitié, au contraire, les lattes sont disposées perpendiculairement à l'axe longitudinal de la case, et il en est de même des lattes qui forment la paroi, c'est-à-dire qui réunissent le parquet à la toiture. Cette dernière paroi elle-même est remarquable : des fenêtres y sont pratiquées ; de plus, elle est plus longue que la paroi opposée, puisqu'elle se trouve du côté où la toiture descend le moins ; enfin, loin d'être verticale, elle est inclinée vers l'extérieur et forme avec la toiture un angle de 100°. C'est ce côté qui est la partie noble de la maison, la seule où l'on puisse dormir. Sur l'autre côté, sont établis les foyers et déposés les divers ustensiles. On monte dans la maison au moyen d'un arbre incliné de 30 centimètres de diamètre, dans lequel sont pratiquées de fortes entailles où l'on pose les pieds ; on descend de côté en s'appuyant d'une main. Les Moïs conservent comme des trophées, dans leurs habitations, les mâchoires des cerfs et chevreuils qu'ils ont tués depuis leur naissance. Ces dépouilles sont suspendues à une latte de la toiture, du côté où elle descend le plus bas. Pour les gros animaux, éléphants, rhinocéros ou bœufs, on ne garde pas les mâchoires ; elles sont remplacées par des sortes de tambours sans fond, en feuilles de palmier sauvage, de 30 centimètres de diamètre sur 40 centimètres de hauteur, qui sont suspendus à la latte faîtière. Tous ces trophées sont brûlés avec leur propriétaire lorsqu'il meurt.

Il est incontestable que, malgré leur isolement relatif, les Moïs du canton de Phưóc-thanh, situé sur notre territoire, s'écartent en certains points du type primitif tel qu'il existe sur la rive droite du sông La-nga. Chez les Moïs de nos provinces, la situation matérielle et économique diffère de celle des Moïs indépendants à cause d'une raison majeure : l'interdiction de brûler les forêts, édictée par l'arrêté du 15 septembre 1875. On suppose bien que cette prohibition n'est pas rigoureusement observée, et il m'est arrivé plus d'une fois de remarquer en passant des rǎy qui ne remontaient certainement pas à six ans ; mais enfin la mesure existe, et les contrevenants sont exposés à une amende lorsqu'ils sont découverts. Est-il besoin de faire ressortir quelle est la singularité de la situation des Moïs vis-à-vis du Gouvernement de la colonie ? Voilà des gens qui habitent l'arrondissement de Biên hoa dans lequel ont été promulgués, comme partout ailleurs depuis la conquête, tant de lois, de décrets et d'arrêtés ! En réalité, ils vivent à l'état sauvage ou peu s'en faut, et ne sont visités que par des trafiquants chinois ou annamites qui viennent faire des échanges avec eux. Pour eux, comment se traduit dans la pratique l'action du Gouvernement français qui, aux yeux du sauvage des forêts, a tout le prestige de l'inconnu et de la distance ? Ils ne payent aucun impôt, n'ont ni école ni corvée ; on les laisse vivre ou plutôt ne pas mourir de faim. Une ou deux fois par année, ils voient un agent de la colonie. Est-ce un fonctionnaire qui vient s'enquérir de leurs besoins, un médecin qui vient les vacciner, un géomètre qui vient faire la carte de leur pays ? Nullement, c'est un garde forestier en qui s'incarnent, pour eux, la puissance et la domination françaises. Il vient voir si, depuis sa dernière tournée, on n'a pas brûlé la forêt pour y planter du riz. Sans doute, cet agent a raison de faire son service, bien qu'il soit à souhaiter qu'il apporte un peu de patience et de mansuétude dans ses courtes relations avec une race douce et soumise. Mais ceci est affaire de détail ; ce que je tiens à relever, c'est que, du Gouvernement français, nos Moïs ne savent absolument qu'une chose : c'est qu'il défend de faire des rǎy. Les Annamites, les Cambodgiens même de nos provinces ont compris cette interdiction, mais, tout en étant contrariés, ils ont à peu près saisi la raison qui pousse notre administration à supprimer cet usage barbare, et finalement ils se sont arrangés pour vivre autrement. Mais s'imagine-t-on que le Moï, qui est placé beaucoup plus bas dans l'échelle des êtres humains, ait compris qu'on protège la forêt contre lui-même ? Pas du tout ; j'ai assez causé avec eux pour être convaincu du contraire. Pour eux, le Moï doit vivre de la forêt comme l'Annamite de son champ et le Chinois de son commerce. Voilà son idée vague, mais bien arrêtée. Leur défendre de brûler les arbres pour manger du riz est pour ces malheureux une vexation gratuite, inouïe. Ils se résignent et obéissent à peu près, car ils sont très doux; mais interrogez-les, ils vous diront qu'ils ont faim. La race disparaît lentement, décimée par la misère et la maladie, et, pendant une partie de l'année, elle se nourrit de racines ramassées dans la forêt.

Qu'on ne se méprenne pas sur le motif qui m'a fait écrire ce qui précède. Ce n'est ni une sentimentalité niaise, ni le désir de laisser détruire indéfiniment nos magnifiques forêts de l'Est. Ce que je souhaite vivement, c'est que nous entrions dans la vie des Moïs — car pour eux c'est une question de vie — autrement que par un seul côté; que ces tribus connaissent de notre administration autre chose qu'une défense nécessaire mais dure, et de notre personnel autre chose qu'un agent subalterne qui peut manquer des qualités nécessaires pour représenter sans contrôle l'autorité supérieure. Défendre ne suffit pas; lorsqu'on défend à un enfant de se salir, on lui fait entrevoir un avantage pour le cas où il restera propre. Or, les Moïs sont des enfants ; si nous leur défendons de brûler la forêt, nous prenons l'engagement tacite de leur enseigner un autre moyen d'avoir du riz, et c'est ce qu'ils ne savent pas. Tous les notables Moïs à qui j'ai posé la question : « Qu'avez-vous à demander au Gouvernement? » m'ont répondu de suite : « A faire des rầy ».

Mais, dira-t-on peut-être, si les Moïs ne peuvent vivre sous l'empire de nos lois, que ne vont-ils ailleurs? Cette objection ne serait ni humaine ni pratique. Il y a un moyen sûr de se débarrasser des Moïs, c'est de les laisser croupir dans leur état actuel et d'apporter la plus grande sévérité dans l'application du règlement forestier : avant longtemps, il n'y aura plus de Moïs sur notre territoire. Mais devons-nous tendre à cela? Est-ce là le résultat que doit chercher une nation civilisée quand elle colonise? On prétend qu'il est impossible d'amener ces sauvages à un degré de culture plus avancé; c'est peut-être vrai, mais personne n'en sait rien, car aucune tentative sérieuse n'a été faite dans ce sens depuis vingt ans que nous occupons le pays. Il me semble au contraire qu'il y aurait là pour la France une tâche difficile, mais honorable : ce serait de rallier à notre colonie de Cochinchine, par des liens de plus en plus puissants, les peuplades éparses, malheureuses, qui végètent des deux côtés de notre frontière, opprimées par leurs chefs, mal armées pour le combat de la vie. Peu à peu l'influence ainsi conquise s'étendrait au loin, et notre civilisation occidentale exercerait une attraction lente mais certaine sur les groupes nombreux de la famille humaine dispersés dans le centre de l'Indo-Chine. Or, le premier pas à faire dans la voie est d'enseigner à nos Moïs à subsister tout en vivant en société, à vivre des revenus du sol au lieu d'en détruire à jamais les richesses.

Après cette digression, je reprends le cours de mon voyage. Un séjour de quarante-huit heures à Kron-tuc m'a suffi pour me convaincre que l'air de ces deux montagnes ne convient pas à des étrangers. Sans être malades, nous ressentions presque tous, après la première nuit, un malaise vague se traduisant par une sorte de petite fièvre et un manque presque complet d'appétit, tandis que cinq Chinois arrivés depuis dix jours, logés dans une case voisine, étaient tous réellement malades et paraissaient avoir perdu toutes leurs forces. Ces Asiatiques sont les coolies du Chinois Fou-hung-sou qui accompagna Patao à Saïgon en 1881 et qui essaie de nouer des relations commerciales avec les Moïs indépendants.

Le 30 avril, de grand matin, nous quittions Kron-tuc, et à neuf heures nous étions de retour à Bong-brenh ; le soir, nous couchions à Tra-cu-hạ. Patao, qui tenait beaucoup à retrouver ses buffles volés, me proposa d'aller le lendemain à Tra-cu-thượng, hameau situé dans le sud de Tra-cu-hạ et dépendant également du village de Vo-đat. Nous y arrivâmes le 1er mai, à huit heures du matin. Cette localité est importante pour les raisons que je vais énumérer. D'abord, elle possède, à 1 kilomètre dans le sud-est, des rizières dont je n'ai pu apprécier la qualité vu que la récolte était faite, mais qui m'ont paru avoir plus de 30 hectares de superficie. On y cultive le riz sans interruption, comme en Cochinchine. Ce sont les seules rizières que j'ai rencontrées depuis mon départ de Cay-gao. Je suis convaincu que beaucoup de terrains se prêteraient à des cultures analogues, il suffit de choisir un sol convenable et d'avoir quelques paires de buffles. La seconde particularité qu'offre Tra-cu-thượng, c'est que, d'après les gens du pays et aussi les Annamites de Biên hoa, c'est la limite de notre colonie, et la frontière serait située tout près de là. On découvre, du centre du hameau, une montagne boisée située dans le sud et qu'on m'a dit s'appeler Núi Ka-tong. Enfin, les gens du pays m'ont affirmé que les Français n'allaient jamais plus loin. Cette raison seule aurait suffi pour me décider à aller reconnaître cette frontière mystérieuse; mais Patao, me croyant peut-être indécis, me conjura de ne pas écouter ce qu'on me disait et m'assura que ses buffles volés se trouvaient chez les Chams; que ces Chams eux-mêmes habitaient sur le territoire français, mais s'étaient, lors de la conquête, rattachés à l'Annam; que leur village était un repaire de brigands et de rebelles.

Ma curiosité était assez excitée, et, à trois heures après midi, accompagné du lieutenant Raynaud et de 15 tirailleurs seulement, je continuai ma route vers le sud. Les inquiétudes de Patao n'avaient d'égales que sa crainte de ne pas arriver assez vite et probablement son espérance de me voir châtier comme ils le méritaient les brigands qui lui avaient enlevé ses sujets et volé ses buffles. La route que nous suivions était bonne, bien qu'assez peu fréquentée. Au bout d'une heure de marche, nous nous trouvions au bord du sông La-nga que nous longeâmes un instant et qui, tout à coup, fit un coude très brusque vers l'est. La forêt s'éclaircit et fit place à une clairière où l'on remarque les traces d'un hameau abandonné et d'anciennes rizières. Peu après avoir passé cet endroit qui s'appelle Gò-dua, on arrive au village de Tan-linh, situé à environ 10 kilomètres de Tra-cu-thượng. C'est un hameau d'une vingtaine de cases bien construites et qui a tout l'aspect d'un village de la province de Biên hoa. Les maisons sont entourées de jardins, de manguiers; les cocotiers prouvent une installation déjà ancienne et, derrière les cases, les charrettes et les parcs à buffles témoignent d'une aisance et d'un degré de développement matériel absolument inconnus chez les Moïs.

Avant d'arriver à Tan-linh, on constate déjà que la montagne boisée appelée Núi Ka-tong, qui de Tra-cu-thượng fait l'effet d'un pic isolé comme il en existe tant en Cochinchine, est une véritable chaîne dont on ne voit au début que l'extrémité nord. La route de Tra-cu-thượng à Tan-linh contourne d'abord à environ 5 ou 6 kilomètres de distance cette chaîne qui présente des sommets assez élevés, de 5 à 600 mètres peut-être; puis, la route étant constamment sous bois, on ne voit plus la montagne dont le pied se trouve à un ou deux kilomètres du village de Tan-linh. Le sol de ce village est formé d'une argile un peu sablonneuse, analogue à celle de nos giồng de l'ouest; il descend en pente très douce vers le sud-est, et, au moment où ce plan devient horizontal, il est séparé de la plaine qui lui fait suite par un ruisseau à bords très plats et à fond de sable, appelé dans le pays Krom-pa-tong et par les Annamites suôi Cát. Ce petit cours d'eau, qui n'assèche jamais, coule vers le nord-est et va se jeter, à environ 10 kilomètres de là, dans le sông La-nga. Au-delà du suôi Cát s'étend une plaine argileuse entièrement cultivée en rizières et bordée, à environ 2 kilomètres, par une seconde chaîne appelée Núi Ong. Celle-ci court parallèlement et à environ 4 kilomètres de la chaîne dite Ka-tong, et le suôi Cát est le thalweg du vallon qui s'étend entre les deux lignes de hauteurs.

En gravissant un mamelon dénudé d'environ 50 mètres d'élévation, qui dépend du Núi Ka-tong et qui se trouve à 1 kilomètre au sud de Tan-linh, j'ai pu me rendre compte de l'aspect général du pays. Les deux chaînes parallèles Núi Ong et Núi Ka-tong vont se perdre dans le sud-ouest, mais tandis que le Núi Ka-tong s'arrête dans le nord peu au-dessus de Tan-linh, la chaîne Núi-Ong se prolonge dans le nord-est, la plaine s'élargit, et l'horizon est terminé dans le lointain, à une vingtaine de kilomètres, par la grande chaîne des Moïs dont j'ignore le vrai nom. Cette chaîne et celle du Núi Ong paraissent se rejoindre, et je suppose que c'est dans la dépression qui les sépare que coule le sông La-nga et que passe la route du Binh-thuân. Je suis malheureusement réduit aux conjectures à cet égard. Je n'étais pas chargé d'une mission géographique et j'appréhendais pour la santé de l'escorte un long séjour dans ces régions humides. Je n'ai donc fait que des observations très sommaires dont je tirerai cependant les conclusions suivantes :

La localité appelée Tan-linh est entièrement située sur la rive gauche du sông La-nga et de son affluent de gauche le Krom-pa-tong ou suôi Cát.

La frontière de la Cochinchine française et de l'Annam est certainement déterminée par un ou plusieurs des accidents géographiques suivants : la grande chaîne des Moïs, la chaîne dite Núi Ong, la chaîne dite Ka-tong et le sông La-nga. On peut donc se livrer aux hypothèses suivantes :

1º La frontière suit la ligne des faîtes ;

2º Elle suit le cours du sông La-nga ;

3º Elle suit le cours du sông La-nga et celui du Krom-pa-tong ;

4º Ou enfin (ce qui est la prétention des Annamites) elle suit le sông La-nga jusqu'au grand coude puis la chaîne dite Ka-tong. Je déclare, pour ce qui me concerne, rejeter cette quatrième hypothèse qui est la seule dans laquelle le village de Tan-linh appartient à l'Annam. Je serais assez disposé à me rattacher à la troisième, car en face de Tan-linh, sur la rive droite du Krom-pa-tong, est un village annamite, Linh-dong, tandis que Tan-linh est exclusivement habité par des Chams probablement analogues à ceux de Tây-ninh et de Chaudoc.

Quoi qu'il en soit, je dois reconnaître que les gens du pays que j'ai interrogés en arrivant à Tan-linh m'ont déclaré qu'ils dépendaient du phù de Phan-thich, province du Binh-thuân, et les notables m'ont présenté leurs reçus d'impôt et leurs nominations signées par le phù Ham.

La frayeur des habitants en apercevant notre petite troupe, leur étonnement en voyant pour la première fois des Européens, la crainte des notables de se faire mal voir du gouvernement annamite en nous recevant bien, les appréhensions vagues des tirailleurs qui semblaient croire qu'ils allaient être attaqués, les airs importants que prenait Patao qui se demandait probablement pourquoi je ne commençais pas par arrêter tout le village, tout formait une situation assez divertissante, tandis que la vue d'un.paysage comme on en voit peu en Cochinchine, d'une plaine fertile encadrée dans les hauteurs pittoresques, et terminée dans le lointain par des montagnes élevées, était un spectacle de nature à nous faire oublier nos fatigues.

Dès le lendemain matin, je fis venir le hương Pho, qui paraît être le premier notable de Tan-linh, et qui me donna les renseignements suivants : le village de Tan-linh dépend du canton de Long-tan; il paye par an 50 ligatures et 26 grandes torches de résine (de 2 mètres de longueur) que deux notables vont porter au phủ de Phan-thich; de plus, chaque année, après la récolte du riz, le phủ envoie deux agents pour surveiller la rentrée des contributions en nature. Le village doit verser annuellement 100 mesures de paddy qui sont placées, par ordre et sous la surveillance des envoyés du phủ, dans un magasin situé au centre du village et gardé de nuit par deux habitants. Ce magasin sert de réserve de grains en prévision des besoins auxquels l'administration annamite doit faire face. D'après le hương Pho, lorsque les Moïs des montagnes environnantes sont trop affamés, le phủ Ham vient en personne et partage le grain qui se trouve en magasin entre les divers hameaux, d'après le chiffre de la population. L'an dernier, a eu lieu une distribution de ce genre; le hương Pho, qui y assistait, m'a assuré que plusieurs Moïs de notre territoire, notamment ceux de Vo-đat, sont venus prendre leur part de cette libéralité.

Je ne prétends pas que l'Administration française doive entrer dans cette voie, mais ce fait, qui s'accorde entièrement avec certaines prescriptions du Code Philastre, prouve que les Annamites suivent une politique quelconque vis-à-vis des sauvages montagnards, chose que nous avons complètement négligée jusqu'ici. J'ai demandé au hương Pho s'il était vrai que plusieurs des chefs annamites qui avaient autrefois combattu contre nous habitassent les environs ? Il m'a répondu que, deux ans auparavant, le hameau de Gò-dua, qu'on rencontre à 1 kilomètre de

Tan-linh, en venant du nord, était habité par un certain đôc-binh Qua et ses tenanciers. Ce chef molestait les Moïs et surtout les gens de Tan-linh, qui s'en sont plaints au phù Ham. Depuis cette époque, le đôc-binh Qua a disparu. Sur l'autre rive du Krom-pa-tong, à Linh-dong, habite un autre ancien chef, le lành-binh Quan, qui vit très tranquille et est probablement chargé de surveiller la frontière et de rendre compte au phù de ce qui s'y passe. Je suppose que, le long de notre frontière, le gouvernement annamite entretient ainsi un nombre d'anciens chefs qui le tiennent au courant sans qu'il y ait pour cela une organisation de villages militaires proprement dits. La vallée longue et étroite qui court vers le sud-ouest entre les chaînes Núi Ong et Ka-tong forme à ce point de vue une excellente limite. Je n'ai pu la remonter que pendant 4 kilomètres, car il n'y a d'autre route que des talus de rizière souvent interrompus, et, à cette époque, le sol était fortement imprégné d'eau, ce qui rendait la marche difficile. Tout me porte à croire que les rizières continuent indéfiniment, car le terrain est de bonne qualité, et, en cet endroit, la sécheresse n'est pas à craindre.

Le hương Pho m'a paru désirer que son village soit réuni à la province de Biên hoa. Il se plaint que l'impôt qu'il paye au Binh-thuân soit lourd, moins à cause de sa quotité que de la manière dont il est perçu. Les agents envoyés par le phù pour faire mettre le paddy en magasin profitent de cette mission pour se livrer au commerce et à une foule de petites manœuvres. Si le paddy ne leur est pas fourni sur-le-champ ou s'ils jugent qu'il n'est pas de bonne qualité, ils feignent d'être très pressés et de ne pouvoir attendre davantage, et menacent les notables de les emmener avec eux.

Ils importent dans le pays des tamtams de cuivre qu'ils vendent fort cher, surtout aux Moïs qui en sont très amateurs. La richesse d'un Moï se calcule d'après le nombre de tamtams de cuivre et de grandes jarres de terre vernissée qu'il possède. En échange, les Moïs donnent des dépouilles d'animaux et surtout de la cire, car ces forêts contiennent beaucoup d'essaims sauvages qui fournissent un miel et une cire très estimés.

En réalité, les griefs du hương Pho ne sont pas sérieux, et

ce qui, je pense, le séduit le plus dans l'idée d'être annexé à la Cochinchine française, c'est la perspective de ne plus payer d'impôt du tout. C'est en effet ce qui arrivera probablement si cette éventualité se réalise; la commune de Tan-linh ne pourrait être rattachée qu'au canton moï de Phước-thanh, dont les dix villages sont exempts de toute contribution et dans lesquels n'existe aucune administration, même rudimentaire. Le tổng Thanh, chef de ce canton, est aussi ignorant que les autres Moïs; en outre, Tan-linh est à sept journées de marche de Biên hoa et à trois seulement de Phan-thich. Une fois devenu français, ce village n'aurait que peu ou point de rapports avec l'Administration; par le fait, il serait indépendant.

Le moment serait venu de s'occuper des Moïs plus qu'on ne l'a fait jusqu'ici, et, si je puis m'exprimer ainsi, d'adopter une politique de frontière. Notre système, centralisé à outrance, néglige trop les extrémités, qui suivent comme elles peuvent le mouvement venant du centre, ou, ne pouvant pas s'y conformer, s'en détachent de fait et restent immobiles dans leurs forêts. Tandis que nous voyons les Annamites créer sur leur frontière des villages, de petites colonies, et affirmer ainsi leur vitalité, à moins de 50 kilomètres de Biên hoa, dans l'est, il est impossible de constater une action quelconque exercée par notre civilisation sur des pays qui nous appartiennent depuis vingt ans. C'est là une idée importune sur laquelle on n'aime pas à s'arrêter, et bien des personnes sont, en ce qui concerne les Moïs, pour le maintien du *statu quo,* c'est-à-dire pour qu'il n'en soit pas question. Tel ne saurait être mon avis : ne rien faire n'est pas un remède, lorsque le mal vient de ce qu'on est resté trop longtemps inactif, et une solution quelconque est préférable au système de laisser aller. Je ne partage pas non plus une idée que j'ai vue développée dans un rapport sur les Moïs : à savoir, qu'il faut avoir soin d'isoler ces tribus, de les préserver d'un contact avec les Annamites qui ne leur serait que pernicieux. Nous ne sommes pas assez riches pour construire autour des cantons Moïs une muraille dont les portes ne s'ouvriraient que pour certains privilégiés; au contraire, je voudrais voir coloniser les Moïs par une émigration annamite.

Peut-être la candeur et les vertus primitives des Moïs y perdront-elles, peut-être ne seront-ils pas suffisamment armés pour soutenir la lutte économique avec des races supérieures qui ne leur enverront certes pas, au début, leurs meilleurs échantillons. A cela, je ferai observer que quiconque va dans nos cantons moïs est persuadé qu'ils sont misérables et insuffisamment nourris. Dans ces conditions, une race disparaît lentement; il vaut mieux, si cette population est destinée à succomber, qu'elle meure en luttant, même à armes inégales; du reste, les choses pourront n'en pas venir là. Peut-être la lutte pour l'existence développera-t-elle chez ces sauvages une force de résistance aujourd'hui inconnue et qui n'attend qu'une occasion de se révéler.

Le moyen pratique que je proposerai est celui qui a déjà été essayé en 1866 par la création du poste de Bao-chanh, qu'administrait l'inspecteur Bousigon. Cette tentative a été abandonnée, mais Bao-chanh était avant tout un poste militaire occupé par 80 Français, dont l'état de santé était déplorable. En outre, à cette époque, nous ne possédions pas les provinces de l'Ouest, et notre domination n'était pas établie comme maintenant. Ce qu'il faut créer aujourd'hui, c'est, entre Biên hoa et la frontière, un centre administratif secondaire, dirigé par un fonctionnaire indigène. L'emplacement qui me paraît le plus convenable est le point d'intersection, entre To-vuc et Vo-đat, des deux routes qui aboutissent à ce dernier point, venant l'une directement de Biên hoa, — c'est celle que j'ai suivie au retour, — et l'autre de Long-thanh. Cette dernière route est la seule que fréquentent actuellement les commerçants, mais la première est plus courte et conduit en droite ligne au chef-lieu de la province. Or, ce point de jonction se trouve à moins de 4 kilomètres d'une petite rivière, le suôi Co-huynh, qui n'est jamais entièrement desséchée. La distance de 97 kilomètres, qui sépare ce point de Biên hoa, peut paraître considérable; je ferai observer que si nous voulons que notre influence rayonne peu à peu jusqu'à la frontière, il ne faut pas s'en éloigner trop. Du suôi Co-huynh à Tra-cu-ha, il y a 36 kilomètres et à Tan-linh 41 kilomètres environ. Je suis convaincu que la sécurité des commerçants gagnerait à la création de ce poste et qu'il s'y formerait avant peu un marché important où les Moïs viendraient échanger les produits de leurs forêts contre les marchandises annamites et chinoises.

Je n'entrerai pas dans le détail des difficultés qui se sont élevées entre Patao et les notables de Tan-linh au sujet de la restitution des personnes et des buffles enlevés à So-soi. C'étaient bien les gens de Tan-linh qui étaient les coupables, mais ils m'ont assuré que les buffles qu'ils ont pris avaient été volés antérieurement par les gens de Patao et que, quand ils sont allés à So-soi reprendre leur bien, les Moïs qui gardaient les buffles les ont suivis volontairement, craignant la colère de Patao lorsqu'il apprendrait qu'ils s'étaient laissé enlever le troupeau. On comprend aisément que, sur une frontière aussi mal définie et dans un pays aussi peu administré, ces vols de village à village soient fréquents.

Après avoir beaucoup crié, Patao consentit à recevoir dix buffles avec leurs gardiens et leurs familles, une vingtaine de personnes en tout; puis, l'accord rétabli fut célébré par des libations copieuses auxquelles les Chams ne s'associèrent pas (ils sont mahométans). Il existe une grande animosité entre les gens de Tan-linh et Patao, qu'ils considèrent comme brutal et adonné à la boisson. J'ai pu constater à plusieurs reprises que cette appréciation n'a rien d'exagéré, et je crois que, chez lui, Patao entre fréquemment, sous l'influence de l'ivresse, dans de violentes colères qui le rendent terrible pour son entourage, étant donné son pouvoir absolu. J'ai assisté à Kron-tuc à une de ces scènes pénibles. Quand il n'est plus sur son territoire, Patao s'oublie également, et cette habitude lui a déjà causé des désagréments, notamment à Vo-dat, lorsqu'il se disputa avec des Chinois et se plaignit ensuite de la perte d'une belle défense d'éléphant. La vérité sur cet incident, c'est que les Chinois, voyant Patao les insulter et faire mine de les battre, prirent à leur tour une attitude menaçante, et que Patao, effrayé, s'enfuit sans s'occuper de ses bagages. Quand il revint le lendemain, la défense d'éléphant avait disparu.

Avant de quitter Tan-linh, j'ai engagé le hươ'ng Pho à m'accompagner jusqu'à Saigon. Il y a consenti après beaucoup de difficultés et des inquiétudes qui ne se sont dissipées qu'après qu'il eut été traité avec douceur pendant quelques jours. Je suis persuadé que la vue d'une ville européenne et des grands navires l'aura vivement frappé, bien qu'il n'ait rien laissé paraître de ses impressions, en ma présence du moins.

Notre retour de Tan-linh à Biên hoa s'est effectué très rapidement ; les pluies étaient devenues plus abondantes. Je craignais qu'un séjour un peu plus long dans ces forêts humides ne compromît la santé de l'escorte. La route que nous avons suivie étant, comme je l'ai déjà dit, la voie la plus directe de Tan-linh à Biên hoa, je vais indiquer les points principaux qu'elle traverse avec les distances approximatives d'un point à l'autre. Le départ a eu lieu le 3 mai, à six heures du matin :

	Kilomètres.
3 mai. — De Tan-linh à Tra-cu-thượng, distance...	9
4 mai. — De Tra-cu-thượng à Vo-đat, distance....	18
5 mai. — De Vo-đat au suôi Co-huynh (halte).....	18
— Du suôi Co-huynh à To-vuc............	8
6 mai. — De To-vuc à Vo-quan (Xóm Pho-rem)....	24
7 mai. — De Xóm Pho-rem à Bao-ham..........	13
8 mai. -- De Bao-ham à Dong-thanh (halte)......	10
— De Dong-thanh à Phước-cam..........	12
9 mai. — De Phước-cam à Biên hoa............	18
	130

Nous étions de retour à Biên hoa le 9 mai, à neuf heures du matin, et nous étions partis de Tri-an le 22 avril, à cinq heures du soir. La longueur totale du voyage a été de 170 kilomètres à l'aller, y compris la pointe sur Kron-tuc, et de 130 kilomètres au retour, soit 300 kilomètres en seize jours de marche dans de mauvais chemins. Comme j'ai déduit les deux journées de repos à Kron-tuc et Tan-linh, il en résulte que les tirailleurs ont fait une moyenne de 18 kilomètres par jour. J'ai été constamment satisfait de leur entrain et de leur attitude vis-à-vis des populations.

Septembre, 1884.

J'ai revu Patao au mois de mai dernier. Il est venu présenter ses respects à M. Thomson, gouverneur de la Cochinchine, et lui apporter des cadeaux très modestes en signe d'obéissance. Il m'a annoncé qu'il avait suivi mes conseils, qu'il cultivait des rizières et qu'il savait mieux garder ses buffles. C'est là, évidemment, l'avenir pour ces peuplades si intéressantes : l'agriculture améliorera leur état social encore plus que leur état matériel. Des conseils et au besoin une surveillance sévère, mais éclairée, les feront renoncer à leur vie nomade et se fixer dans les terrains fertiles où le riz poussera tous les ans et où ils pourront vivre sans crainte du lendemain. Il conviendrait aussi de protéger efficacement les Moïs contre les voleurs annamites et chinois qui pourront être tentés de voler leurs buffles et leurs récoltes.

Montagnes Centrales du Binh Thuan
Janyut
28 Février soir
Halte du 28 Février
Nui Cong
DRAÏC 27 Février
Nui Saloun
BENDIN 26 Février
CONG NHIOUN 9 Mars
TAPOUM
600
Bember
BATAU 25 Février
Dosa
Sapoun
Don 4 Mars
TAPOUN-60
Nhial Montagne
LAOS
24 Février PALLAO
Timlay
Lumul
Dombee
Dallou
Dangray
Nui Daloi
Tala
DALOI
Tigra
1e TALA
Doloï
CHHA 25 Février
Bòn Thoun
Bang-Ya
2e TALA
5 Mars
Repoun
YAPIA
22 Février TAPLOUM
YAPIA
PATTE 7 Mars
Nui Snoung
Montagnes du Binh Thuan
20 Février TRACU
Nui Calah
Nui Ong
12 Mars
SALAN 12 Février
FEREC 12 Février
Aff.t du La Nga
Aff.t de La Nga
SUOI VALIEN
13 Mars TOVIC
Cours du La Nga
d'après les Observations faites pendant
une Excursion chez les Moïs
Février et Mars 1884.
Nui Sim Lu
Nui Chua Chang
BAO CHANH
TATAN 10 Février
NANG VO 14 Mars
Gia Vinh
LA PHU 9.10 Février
Suoi Guan
at
TANTA
Nui Mây Tào
LONG THANH 15 Mars
6.8 Février
TRINH BA
LAM SUONG
Bai
5 Février
DAT BO
BARIA
Route de Binh Thuan suivie par le Dr. Neïs
10 20 30 40 50 K.
Echelle de 50 Kilomètres
105° 106° 12° 11°